科学顾问 唐 勇
主 编 杨慧娜

元素萌萌说 3

V Cr Co Sc Mg Al Mn Ti Ni Fe

策 划 王昊阳 罗瑞敏 林芙蓉
编 绘 索石文化 俞 兰

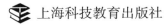 上海科技教育出版社

前　言

　　元素是具有相同核电荷数（即质子数）的同一类原子的总称，在我们的日常生活中扮演着重要的角色。例如，氧、碳、氢和氮被认为是生命的四大元素，构成了人体质量的96%。其中，氧是人体中含量最多的元素，约占体重的61%；碳是我们生命体的最基本结构元素，这也是我们被称为"碳基生命"的原因。事实上，世间万物都由一种或者几种元素构成。元素无所不在，是构成物质世界的基础，在现代化学、物理学、生物学和材料学等学科发展中的巨大意义是不言而喻的。

　　元素思想的起源很早，人类对"元素"的认识经历了漫长的过程。古埃及人和古巴比伦人曾经把水，后来又把空气和土，看成是世界的主要组成元素。在古希腊时期，人们认为所有物质都是由四种基本元素（火、水、土、气）组成的。中国古代也有类似的思想，即金、木、水、火、土的五行元素学说，认为万物都是由金、木、水、火、土五种元素混合而成的。直到 17 世纪，英国科学家波义耳在《怀疑派化学家》（*The Sceptical Chymist*）中对四元素说提出了质疑，给出了世界上第一个相对科学的元素定义，认为元素是明确的、实在的、可觉察到的实物，是一般化学方法不能再分解的某些物质。1789 年，法国化学家拉瓦锡发表了《化学纲要》（*Traite Elementaire de Chimie*），认为一切无法再分解的物质即为元素，彻底推翻了四元素说。拉瓦锡还列出了第一张元素表，将已知的 33 种元素进行了分类，分别归为气体、金属、非金属以及土族元素四类。1803 年，英国化学家道尔顿进一步拓展了拉瓦锡的理论，认为元素其实是由无法再分开的微小颗粒组成，任何一种特定的元素只能由特定的颗粒——原子组成，这些原子按照一定比例加以组合就能形成不同的化合物。与此同时，道尔顿以氢气为基准开始计算各种元素原子的相对质量，并在 1810 年发表了第一张含有二十余种元素的原子量表，原子也被赋予了自己固有（质）量等本征特性。1869 年，俄罗斯化学家门捷列夫按照原子量升序排列当时已知的 63 种元素，发现原子量在元素分类中的重要意义——元素的性质随相对原子质量的递增发生周期性变化，在俄国化学会刊第一卷上发表了题为《元素属性与其原子量的关系》的论文，绘制了元素周期表，并据此预测了尚未被发现的元素及其化学性质、化合价和原子量等。门捷列夫的元素周期表的建立使得现代化学及其相关学科的研究不再局限于对大量零散事实的无规律罗列，奠定了现代科学诸多领域的研究基础。直到今天，一共发现了 118 种化学元素，逐步形成了我们都熟悉的现代元素周期表，极大地推动了化学的发展。

　　由中国科学院上海有机所化学研究所科普团队策划、创作的《元素萌萌说》科普绘本，采用拟人化的元素形象、通俗易懂的故事性讲述，巧妙地将化学元素融入天文、地理、历史、物理、生物与技术中。通过选取 40 种化学元素，讲述它们与人类生活、社会发展密切相关的故事，呈现其发现过程、命名趣事、基本性质及广泛应用。相信这套书会让青少年更具体了解化学在人类认识和改造自然、提高人类的生活质量和健康水平、推动社会进步等方面发挥的巨大的不可替代的作用。

　　期待《元素萌萌说》的出版能让更多青少年通过认识元素，了解化学、爱上化学、应用化学，一起用化学创造我们美好的未来！

中国科学院院士，有机化学家

2023 年 7 月

主创寄语

　　春草碧色，秋水潺潺；鹰击长空，鱼翔浅底……我们身处的世界五彩斑斓、千姿百态。这样的一个世界，究竟是由什么构成的呢？

　　在遥远的上古时代，人们就开始思考这个问题了。我们的祖先通过对大自然的观察，提出了金、木、水、火、土五大元素概念。随着现代科学的发展，科学家们运用实验技术与方法，陆续提取、分离和验证了118种化学元素。正是这些元素，组成了这个丰富多彩的世界，构成了我们每日瞬息万变的生活。今天，人们对化学元素的认识还远远没有完结，还有许多人正在孜孜不倦地研究与探索着。

　　在人类智慧宝库中，元素科学、元素周期律无疑是认识世界的一把钥匙，而元素发现史、生命元素之旅、生活中的元素科学、高科技中的元素故事，正是大家尤其是青少年认识化学元素的极好题材。《元素萌萌说》系列科普绘本正是这些内容的具体呈现。

　　本套科普绘本共四册，涵盖了40种元素的有趣知识。绘本以漫画为主要表达形式，通过无所不知的"元素精灵"点点、主人公江滨白等小朋友的视角，借助活泼有趣、贴近生活的故事讲述元素知识，让小读者在元素世界里畅游。绘本中还融入了科学发展史、中华古诗词等内容，丰富和拓展了故事情节，希望以此激发孩子们更大的阅读兴趣，激励大家进一步去思考探索。

为孩子们做科普是一件重要且意义非凡的事，也是科研人员责无旁贷的义务和使命。本套科普绘本由中国科学院上海有机化学研究所年轻的科研团队策划创作。他们将雄厚的科研优势与多年的科普经验有机结合，同时和索石文化的优秀画师密切合作，终于为小读者们呈上了一套科学性与趣味性完美融合的"元素之书"。

本套科普绘本的创作和出版得到了上海市 2022 年度"科技创新行动计划"科普专项（22DZ2301300）、中国科学院科普专项以及上海市闵行区科普项目的资助，黄晓宇、沈其龙、邱早早、郑超、陈品红、洪燕芬等专家学者对图书内容进行了仔细审核，提出了中肯的意见和建议，在此一并表示感谢！

希望《元素萌萌说》为化学科普工作打开一个全新的视角，成为化学科普天幕上的一颗新星！更希望《元素萌萌说》为我们的孩子认识世界打开另一扇窗，让"世界"这个词在大家心中更加具体与美好。

2023 年 7 月

人物介绍

点点

元素小精灵

生日：谁知道呢

来历：诞生于元素周期表的精灵

性格：活泼可爱、调皮捣蛋，
　　　喜欢宅在房间里

爱好：吃甜食

江滨白

生日：11 月 26 日

性格：乐观、诚实、热情、好奇心强

喜欢的颜色：黄色、蓝色

爱好：做实验、游泳、郊游

喜欢的食物：冰淇淋

贺静涵

江滨白的妈妈

生日：2 月 7 日

性格：温柔善良、包容、细心

喜欢的颜色：粉色、紫色

爱好：唱歌、烹饪

喜欢的食物：糖醋排骨

目录

返回

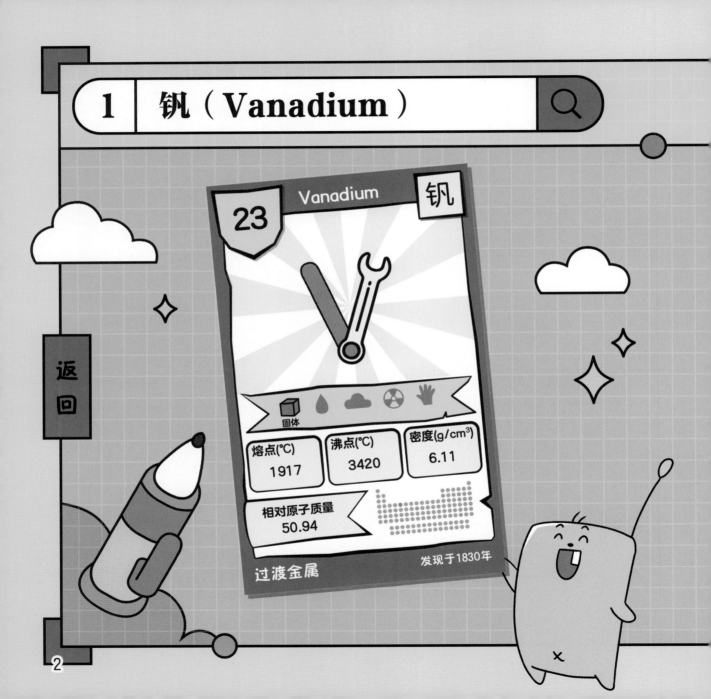

Vanadium

23

钒

固体

熔点(℃)	沸点(℃)	密度(g/cm³)
1917	3420	6.11

相对原子质量
50.94

过渡金属

发现于1830年

它是刚毅的化身，是力量与坚韧的代言人；
它的合金上天入地，它的氧化物"多才多艺"。
它将巨大的能量藏进小小的身躯，
展现出无穷的魔力。
它是"现代工业的味精"，
也将成长为未来科技之星。

4

听说有辆电动车停在楼道充电的时候发生了爆炸，火势特别大，太危险了！

我记得小精灵说过，有一种电动车用的是锂电池！

可是为什么电池充电会爆炸呢？

这可能与充电过久、电池寿命到期以及充电不规范等因素有关。

如果不能正确充电，就很容易发生安全事故。

此时……

咔嚓——

激动——

小精灵！小精灵！

有没有比锂电池更安全的电池呀？！

弹

钒电池……

它是一种新型电池。

哈贝

9

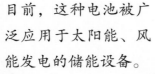
目前，这种电池被广泛应用于太阳能、风能发电的储能设备。

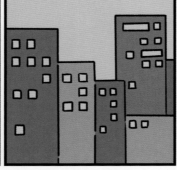
在城市供电系统中也有它的身影。

但这些设备制作要求比较高，目前还在逐步推广中。

那么，钒到底是一种怎样的元素呢？

钒的化学符号是 V，原子序数为 23。单质钒是一种稀有金属，性质非常稳定。

关于它的名字，还有一段小插曲呢。它的化合物五颜六色，有黄的、蓝的、紫的等，非常漂亮。

于是人们根据北欧神话中美丽女神凡娜迪丝的名字来为它取名。

但是，

对于动物来说，钒的化合物是有毒的！

返回

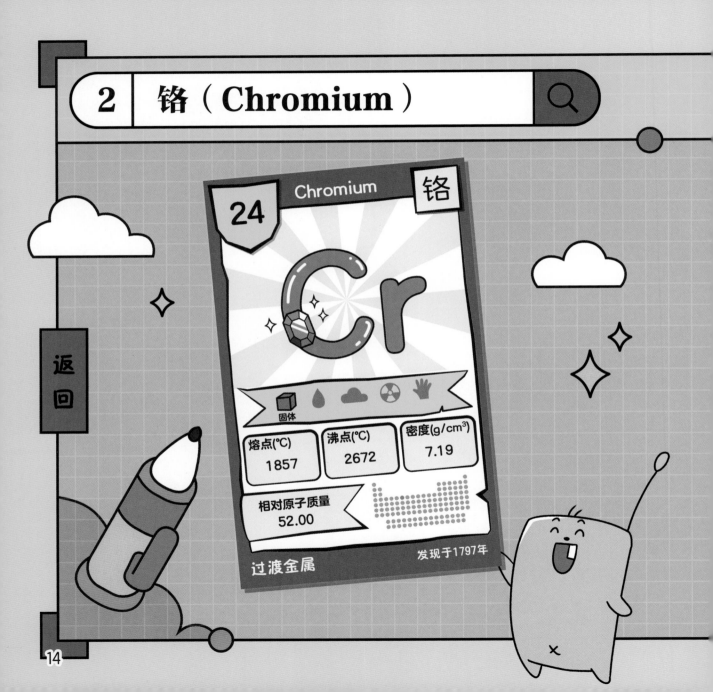

Chromium

24

铬

Cr

固体

熔点(℃)	沸点(℃)	密度(g/cm³)
1857	2672	7.19

相对原子质量
52.00

过渡金属

发现于1797年

它促成了不锈钢的发明，

闪亮的外表下有一颗不惧侵蚀的心。

它为璀璨宝石与传世画作添彩，

也在呼吸之间，让酒驾者现出原形。

人体护卫与健康杀手是它的双重身份，

大国重器中也少不了它的身影。

▶ 继续

17

你刚刚在看《彩色宝石》啊?

嗯,正好看到了这本书。

那你应该知道彩色宝石里的神奇元素——铬吧?

铬?我还没有看到呢。

祖母绿被称为"绿色宝石之王""哥伦比亚绿色之火"。

由于含有一定量的铬，它呈现出碧水般的碧绿色。

铬

这使得它从绿柱石家族中脱颖而出，成为绿色宝石中的老大。

哇，祖母绿竟然是因为含有铬，才成为绿宝石中的老大的啊！

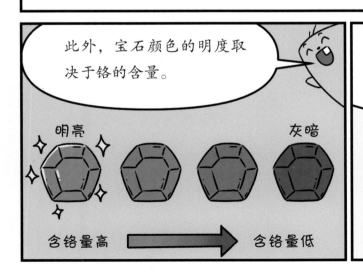
此外，宝石颜色的明度取决于铬的含量。

明亮　　　　　　灰暗

含铬量高 ➡ 含铬量低

铬是什么呢？它原本的颜色又是什么呢？

铬的化学符号是 Cr，属于过渡金属元素。它的单质是一种银白色有光泽的金属。

过渡金属

铬的名字是根据希腊文中的"颜色"一词命名的。

注释

[希腊文]chroma：颜色

[拉丁文]chromium：铬

这个名字很适合它。

不同存在形式的铬毒性不同。

啊？！

金属铬主要用来与钴、镍、钨等元素一起冶炼特种合金。

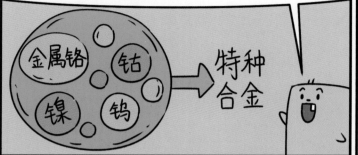

以铬和铁为主要成分的铬铁合金可用于制不锈钢、弹簧钢等。

不锈钢　　　弹簧钢

这些特种合金是航空、航天、汽车、舰船、兵器等工业领域不可缺少的材料。

此外，六价铬可用于检测司机是否酒后驾车。

看来铬的用途还挺广的。

铬也是人体必需的微量元素之一。

它在维持人体健康方面起关键作用。

铬

健康

它是维持人体正常生长发育和调节血糖的重要元素。

平衡

血糖   血糖

铬

啊？人体内也有铬？难道不会中毒吗？

呲溜

23

我们不能抛开剂量谈毒性。人体中的铬是三价铬，微量的三价铬对人体有益。

是这样啊！

含铬量比较高的食物主要是一些粗粮。

其中就有我们日常吃的小麦、花生、蘑菇等。

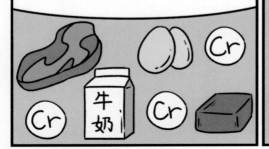

另外，胡椒、牛肉、鸡蛋、红糖、乳制品以及动物的肝脏等都是铬元素含量比较高的食品。

多吃这些食品，就能保证人体中的铬元素充足。

蘑菇？怎么又是蘑菇！

27
Cobalt
钴

固体

熔点(°C)	沸点(°C)	密度(g/cm³)
1495	2927	8.86

相对原子质量
58.93

过渡金属

发现于1735年

返回

它曾被误认为矿石中的伤人恶魔，
却是维生素 B_{12} 的重要组分。
它化身为高温合金和硬质合金，
也能被应用于锂电池，开启能源新时代。
它是《星空》中夜的色彩，是青花瓷上的青蓝，
让人想起"天青色等烟雨，而我在等你"的浪漫。

▶ 继续

江滨白，你怎么了？

揉

我眼睛难受。睁不开。

揉

那我去给你拿眼药水！

谢谢你，小精灵。你真是个好精灵！

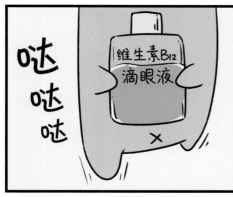

哒哒哒

维生素B12
滴眼液

维生素B12
滴眼液

滴完舒服多了。

江滨白，这种眼药水里有钴元素。我刚才感应到的。

钴？咕咕咕咕？

……

单质钴是一种铁磁性金属，表面呈有光泽的灰色。

钴的化学符号为 Co，属于过渡金属元素。

过渡金属

21 Co
钴

古希腊人和古罗马人曾利用它的化合物制造有色玻璃。

这种玻璃能呈现出美丽的深蓝色。

哇，好神奇哦！银白色金属竟然和美丽的深蓝色有关系！

钻是各种高级颜料的重要原料。

据17世纪的文献记载，

俄国为了购买昂贵的钴颜料，曾花费了巨额资金。

这种钴颜料叫"戈卢贝茨"，在俄语中是"蓝色"的意思。

克里姆林宫的大厅和天使长大教堂等宏伟建筑的墙壁上涂的蓝色颜料，就是这种"戈卢贝茨"。

克里姆林宫

钴的一些化合物，在不同状态和温度下具有不同的颜色。

据记载，16世纪著名的化学家兼医生帕拉塞尔苏斯常表演他的拿手戏法。

他可以把一幅覆盖积雪的冬季风景的油画在一瞬间"变"成春天。

是啊，这是用含有氯化钴的溶液变的魔术。

钴的化合物
氯化钴

在室温下，氯化钴可以与一定量的铁盐、镍盐混合制成一种白色溶液。

常温

他先用这种溶液作画。

接下来，等待画晾干。

只要稍微加热，画面上就会显现出非常漂亮的绿色。

那个魔术的关键在于帕拉塞尔苏斯偷偷地用蜡烛加热画作。

原来是这样啊！好神奇的化学反应啊！

下次我也要变这个魔术。

不过，钴也可能造成危害！吸入过量钴尘会引发"硬质合金病"！

具体症状为过敏性哮喘、呼吸困难、干咳等。

36

钴对人的皮肤的影响主要表现为引发过敏性或刺激性皮炎。

另外，如果误食了钴盐，还要洗胃呢。

这么严重！原来钴元素有好也有坏！

所以我们一定要小心谨慎地对待，记得要时刻保护好自己哦！

嗯嗯！

Scandium
21
钪

Sc

固体

熔点(℃)
1539

沸点(℃)
2831

密度(g/cm³)
2.989

相对原子质量
44.96

过渡金属

发现于1879年

它的存在证明了门捷列夫的预言。

罕有人见过它纯粹的模样。

它让铝合金变为战斗机的铠甲，

也成就了玻璃界的特种兵。

它是半导体元器件的灵魂，

也是电光源神奇精灵。

▶ 继续

39

这座新建的体育公园真不错，设备齐全，环境又好。

以后我一定要带上小伙伴来这里玩。

可是小精灵……

嗯？

公园里有这么多照明灯，而且看上去都特别亮，不会消耗很多电吗？

挠头

关于这个问题，其实不用担心。

这些灯配有太阳能板，它能吸收阳光，把光能转变成电能！其中有一种新的元素！

那就是钪元素！

钪

钪元素？那是一种什么样的元素？

钪是一种过渡金属元素，化学符号为 Sc。

过渡金属
21 Sc
钪

它的单质是一种柔软的银白色金属。

钪被称为稀土元素，在地球上的分布极为稀疏。

Sc — 稀土元素

在含有这种元素的某些矿石中，1吨矿石只能提取出5—10克钪。

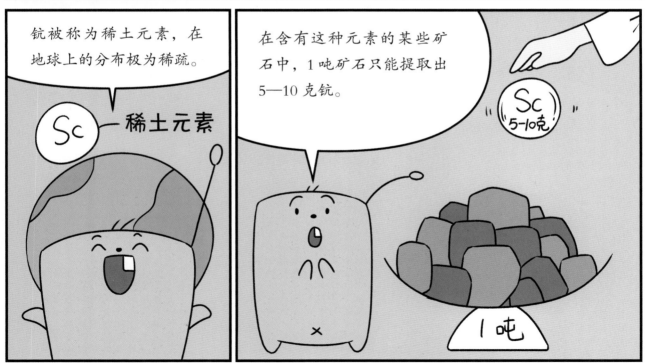

Sc
5-10克

1吨

43

在元素周期表创立早期，人们只发现了一小部分元素。

但是门捷列夫发现了其中的规律。

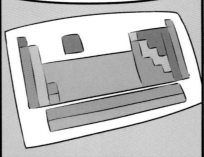

在钙元素被发现后，他就预测在钙之后还有一系列元素。

但门捷列夫受限于当时的科技发展水平，并没有亲自发现钪元素，而是预言了它的存在，并给它起名为类硼。

类硼

随着科学技术的发展，人们终于在 19 世纪晚期发现了 21 号元素钪元素，证明了门捷列夫预言的正确性及其远见卓识。

哇，这就是化学的魅力吧，那些科学家真厉害呀！

嗯嗯，没错！再告诉你一小点知识。

首先，这座体育公园所用的灯，其实是一种钪钠灯。

钪钠灯？难道是钪和钠组成的灯？

没错，就是含有钠和钪两种元素的灯。

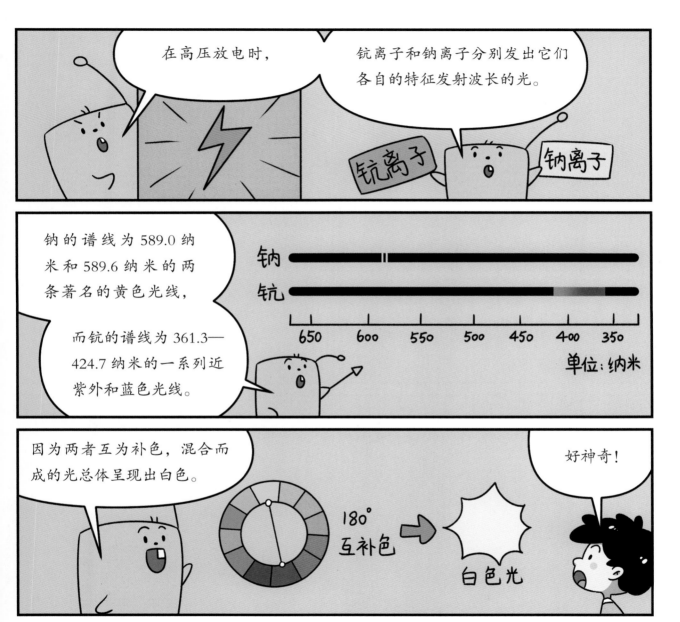

钪钠灯具有发光效率高、光色好、节能、使用寿命长和破雾能力强等特点。

它被广泛用于电视摄像及广场、体育馆、马路等场所的照明。

还有，以钪为阻挡金属的太阳能板可将散落的光能集聚转化为电能。

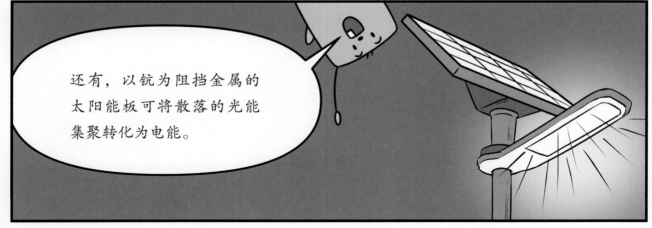

它活泼的性格惹人喜爱，
赋予烟花绚丽的光彩。
它是植物光合作用的秘密所在，
也在医疗实践中展现出多面手的能耐。
它是电子产品外壳的理想材料，
它的轻盈成为国防工业的福音。

▶ 继续

偷瞄

妈妈，我昨天晚上做梦梦见自己在放烟花！

听起来不错呢！

来，小精灵，吃蛋挞。

烟花之所以这么明亮，主要是因为含有镁元素。

镁粉燃烧时会发出耀眼的白光。夜晚的环境光远少于白天。

因此烟花在夜空中才更加闪耀啊！

镁？是美丽的美吗？

起

镁是一种金属元素，单质镁是一种银白色的轻质碱土金属。

碱土金属

12 Mg 镁

嗯嗯！

点头

很久以前，古罗马人认为希腊的白色镁盐能治疗多种疾病。

我的病有救了!!

白色镁盐

这么早！那……镁真的能治疗疾病吗？

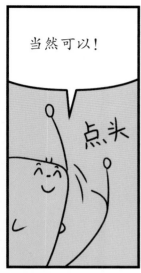

当然可以！

点头

镁盐

镁在医疗上的用途之一是治疗痉挛。

抽筋了！

但是如果注射镁盐溶液的速度太快，可能引起发烧和全身不适。

镁盐

滴滴滴……

太快了！！

此外，镁还可以改善血糖，维持心血管健康，强化骨骼，促进肌肉放松及神经修复。

如果大量服用镁会不会有事啊？

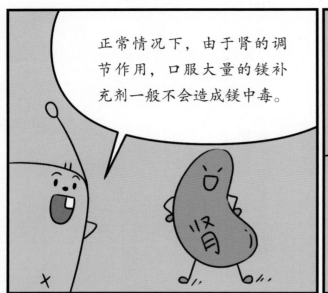

正常情况下，由于肾的调节作用，口服大量的镁补充剂一般不会造成镁中毒。

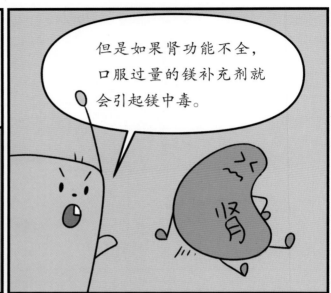

但是如果肾功能不全，口服过量的镁补充剂就会引起镁中毒。

所以最好还是多吃点菠菜、海带等富含镁的食物。黑巧克力也可以。

这样啊，我选择吃黑巧克力。

蔬菜的营养更丰富！！

镁是一种参与生物体正常生命活动以及新陈代谢过程的必不可少的元素。

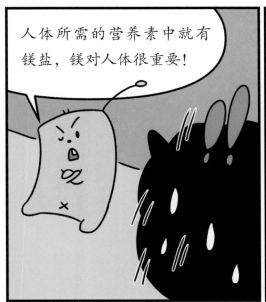

人体所需的营养素中就有镁盐，镁对人体很重要！

我一定会好好补充营养的！

不过，镁除了生理功能，在生活中还有其他应用吗？

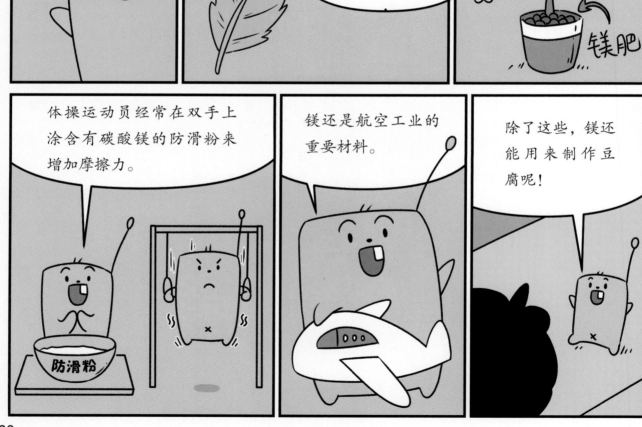

镁还能用于食物制作，这么神奇！

你们两个晚上再聊吧，白白，你上学要迟到了哦！

天啊，要迟到了！我先走了，妈妈再见！小精灵再见！

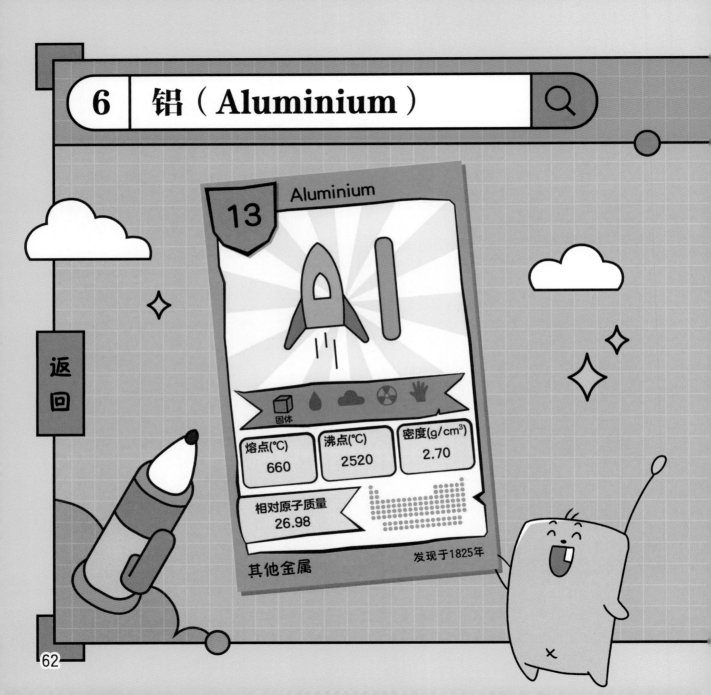

它是地壳中含量最丰富的金属元素。

它随人造卫星和军用战机在高空翱翔，

也是食品药品包装的无冕之王。

它藏身于"中国天眼"的球面射电板，

潜伏在纵横交错的交通轨道，

为人们带来探索更广阔世界的希望。

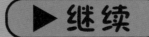

▶ 继续

作业做完啦!

小精灵,我们一起看电视吧!

阿拉油条老好吃的,都是无铝油条,上海老味道了!

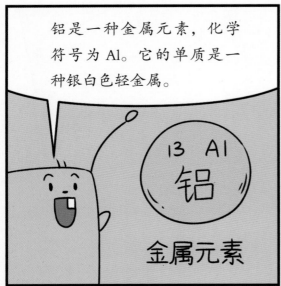

铝是一种金属元素，化学符号为 Al。它的单质是一种银白色轻金属。

13 Al
铝

金属元素

对于人来说，过量摄入铝有害，

会引发记忆力衰退，严重的话会导致老年痴呆、反应迟钝。

我为什么在这里……

我吃饭了吗？

我是谁？

水杯去哪了……

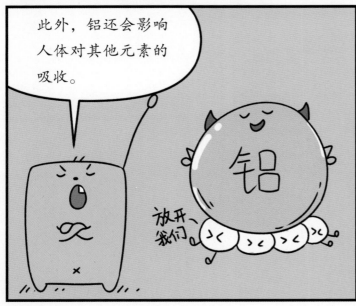

此外，铝还会影响人体对其他元素的吸收。

铝

放开我们

这么严重！

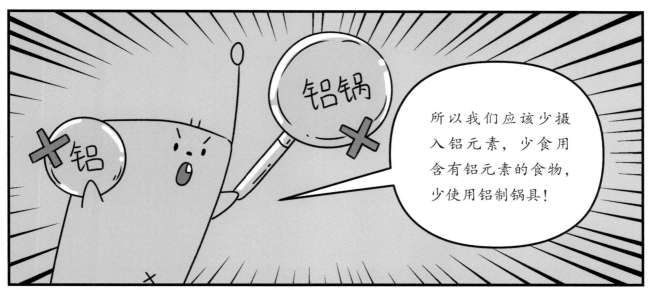

倒也不是啦！

以前油条中添加了含铝膨松剂，其目的是让面团蓬松，达到油炸后酥脆的效果。

后来，人们发现铝对人体有副作用。

我是谁……

胃好疼……

于是人们便用无铝膨松剂来替代膨松剂明矾了。

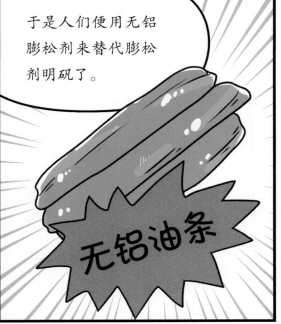

无铝油条

铝可以被制成多种铝合金。

延展性好

铝

易导电

易导热

耐热

耐辐射

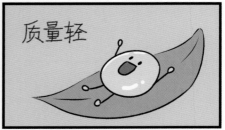

质量轻

它在工业上被广泛应用。

飞机、火箭、汽车中都有铝元素的身影。

71

小笼包

粢饭糕

这些都是我以前爱吃的美食呀!

现在很多美食手艺都失传了,有时间得去好好尝一尝。

返回

25 Manganese 锰

Mn

固体

熔点(°C)	沸点(°C)	密度(g/cm³)
1246	2062	7.44

相对原子质量
54.94

过渡金属

发现于1774年

它是人体必需的微量元素，
是植物生长代谢的功臣。
它沉睡在史前洞穴壁画的颜料中，
千万年后才被冠以独一无二的姓名。
它成就了小巧便携的锌锰电池，
也在大洋深处静候着人们开采。

▶ 继续

妈妈，你是要泡茶吗？

是呀，你们要不要来一杯呀？

要！

江滨白，你知道茶叶里有什么吗？

有叶子！

自信

有锰元素啦！

锰？锰是什么？

好奇!!

锰是一种金属元素，其单质是一种灰白色、硬脆、有光泽的过渡金属。

25 Mn
锰
过渡金属

锰是人体必需的微量元素之一。

锰是"益寿元素"。人和动物体内的多种酶都可以被锰激活。

碱性磷酸酶

脱羧酶

黄素激酶

……酶

听起来锰很重要啊！

没错！

它可以促进人体骨骼的生长发育。

长高了

它也可以改善肌体的造血功能。

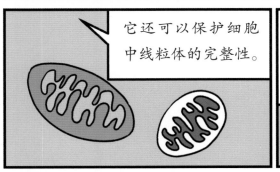

它还可以保护细胞中线粒体的完整性。

此外，它还帮助人保持正常的脑功能，维持正常的糖代谢和脂肪代谢。

那如果人体缺少锰，会怎么样啊？

那会影响身体健康哦！

如果锰摄入量不足，可能会出现体重减轻、头发早白的现象！

明明吃饭了，怎么又瘦了？

缺锰还可能引起神经衰弱综合征，影响智力发育！

哇，这么严重啊！那我还是多吃点含锰元素的食物吧！

茶叶、坚果、粗粮、干豆中的锰含量很高。

锰在蔬菜和干鲜果中的含量略高于肉、乳和水产品。

鱼肝、鸡肝中的锰含量也分别比鱼肉、鸡肉中的多。

不要光吃肉哦!

所以多吃点坚果、蔬菜和干鲜果吧!

鱼肝?鱼身体里的东西吗?我是不会吃的!

咚——

鱼肝的营养可高了,你不试试吗?

当然,锰也有缺点。锰还会对人造成危害。

啊?

锰烟尘可引起肺炎、尘肺，还会引发结膜炎、鼻炎和皮炎。

一咳咳

慢性锰中毒一般在人接触锰的烟尘 3—5 年或更长时间后发病。

潜伏期 3年以上

早期症状有头晕、头痛、肢体酸痛、下肢无力、多汗、心悸和情绪改变。

＜早期症状＞

头晕、肢体酸痛、多汗、情绪变化？！这些我都有过哎！

噗哈哈

你头晕是因为睡太晚。

肢体酸痛是运动过量造成的，

多汗是天气热的缘故。

至于情绪变化，可能是因为你遇到了烦心事吧！

是这样啊？吓我一跳！

呼

锰中毒通常只出现在采矿和精炼矿石的人中。

你不用过于担心啦。

好危险啊，他们真是太不容易了！

那锰还有什么其他用途吗？

上海体育馆采用的就是以锰钢为网架屋顶的结构材料。

还有锌锰电池，至今仍是使用最广的电池之一。

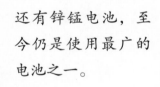

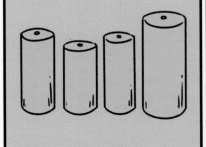

而且，早在 17 000 年前，含有锰的氧化物的软锰矿就被旧石器时代晚期的人们当作颜料用于洞穴的壁画上。

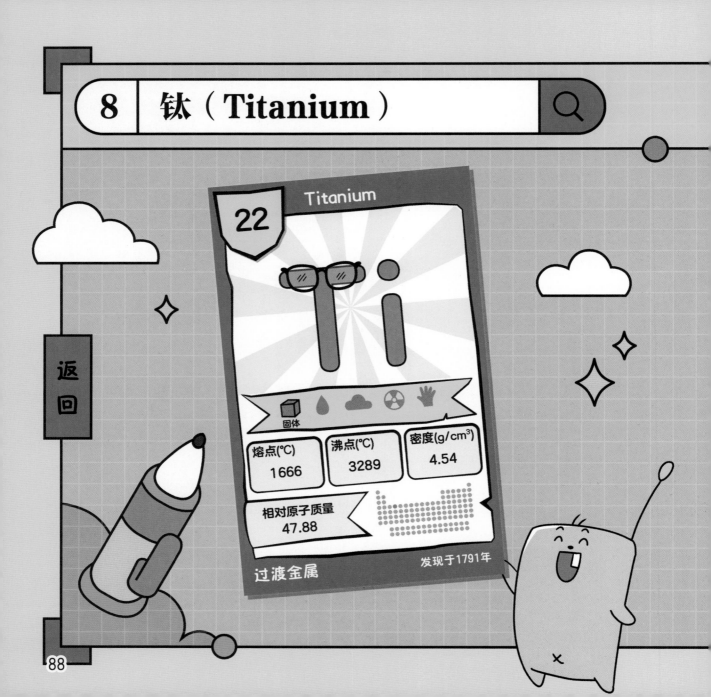

它制造了纯洁无瑕的白色，
还在防晒霜里抵挡紫外线的侵害。
它载着人们飞向神秘的远方，
也带人们探索奇异的深海。
它铸成的人造关节使病患重获新生，
它打造的防腐设备引领石油工业走向未来。

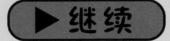
▶ 继续

我的眼镜去哪儿了，
瞧我这记性……

我们也帮妈妈找找吧！

好！

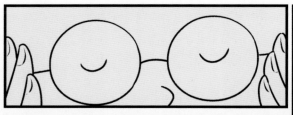

清晰

谢谢你，点点。

不用谢！

小精灵，有新发现吗？

是钛！眼镜框的材料里有钛。

钛？

钛的化学符号是 Ti，其单质是一种银白色的过渡金属。

钛在自然界中分布得很分散，很难提取，所以在古代很昂贵。

但是现在，钛已经被普遍应用到生产生活中，大到战斗机，小到眼镜框。

哇，战斗机！钛好酷，好强！

钛的强大在它的名字上就能体现一二。

它的名字来源于希腊神话中曾统治世界的泰坦神族。

而且钛的比强度位居金属之首，有良好的抗腐蚀性，不受大气和海水的影响。

既然钛这么强，那它还有其他用途吗？

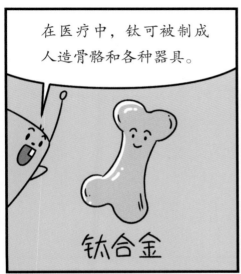

在医疗中，钛可被制成人造骨骼和各种器具。

钛合金

它被广泛应用于制造医疗器械，

如人造髋关节、膝关节、肩关节、肋关节、头盖骨以及主动脉瓣、骨骼固定夹。

啊？人造骨骼？这能行吗？

因为钛无毒且具有亲生物性，

在人体内能抵抗机体分泌物的腐蚀，对任何杀菌方法都适应。

钛

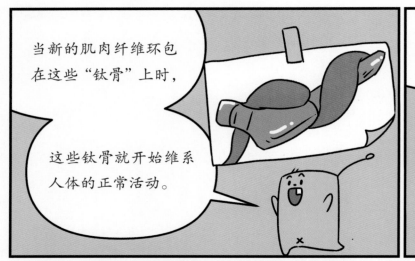

当新的肌肉纤维环包在这些"钛骨"上时，

这些钛骨就开始维系人体的正常活动。

而且钛能刺激吞噬细胞，使免疫力增强，非常行！

啊鸟～

↙吞噬细胞

好神奇啊！

我可以尽情地玩了，即便摔个跤什么的，我也完全不怕哎！

你这个笨蛋，人造的肯定不如自己的好啊！

啪

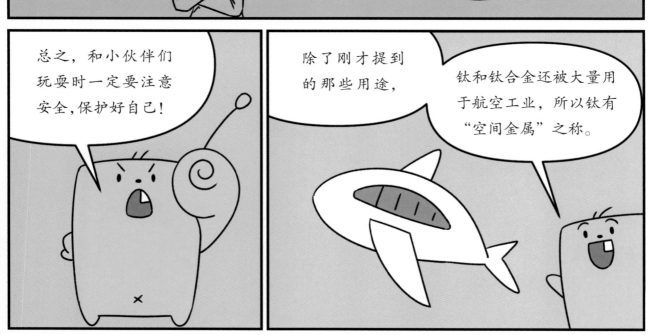

钛白粉也是颜料和油漆的良好原料。

它在造纸工业中可作为填充剂加到纸浆中。

我们用的纸里也有钛啊!

兴奋!!

我要去看看!

返回

Nickel | 镍

28

Ni

固体

熔点(℃)
1455

沸点(℃)
2913

密度(g/cm³)
8.90

相对原子质量
58.69

过渡金属

发现于1751年

它是一元硬币的外衣，

是不锈金属的传奇。

它存在于灿烂流星化成的陨石中，

也被用来制造能记忆形状的合金。

它是永磁材料的奥妙之门，

更是极具前景的电池金属。

▶ 继续

江滨白，我想去看妈妈做菜，你陪我去看看呗！

啊?

在我做饭的时候，不准到厨房捣乱!

回忆中……

我不去。

摇头

今天妈妈说用新锅烧菜,不用大铁锅,你不想去看看吗?

可怜巴巴

好吧,那就看两眼,但是待久了,妈妈会把我们赶出来的。

知道的,知道的!

偷瞄

蹑手蹑脚

这是什么锅啊?这么亮!

新

不锈钢锅。不锈钢是铁的合金。

铁锅不是灰黑色的吗?哪有那么亮?

嗯,它含有镍元素。

镍元素可以提升不锈钢锅的韧性和化学稳定性。

不锈钢锅在多种酸、碱、盐的水溶液中也有足够的稳定性。

它甚至在高温或低温环境中,仍能保持耐腐蚀的优点。

镍?镍是什么?

镍是一种硬而有延展性和铁磁性的金属。

28 Ni
镍
过渡金属

它能够高度磨光，还耐腐蚀。

镍属于亲铁元素。

铁 镍

地核主要由铁、镍元素组成。

铁 地核 镍

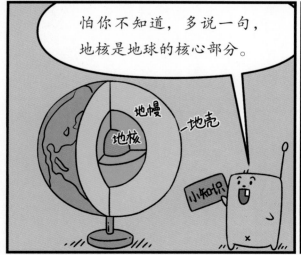

怕你不知道，多说一句，地核是地球的核心部分。

地幔
地核
地壳

小知识

哇，镍这么重要啊！它还有其他用途吗？

因为镍的抗腐蚀性佳，常被用于电镀，镀镍的物品既美观又干净，还不易锈蚀。

镍具有磁性，能被磁铁吸引。

而由铝、钴与镍制成的合金，磁性更强。

因此，可以用它来制造电磁起重机。

还有镍氢电池——一种性能良好的蓄电池。

你们两个不要在厨房里聊天！

快！出！去！

看吧，我就说妈妈会把我们赶出来的。

咕噜

是的……

其实在早期，镍总被误认为其他金属。

陨石中含有铁和镍，早期它们被作为上好的铁使用。

这铁真不错！

我不是铁啊……

陨石

因为这种金属不生锈，历史上有的国家还把它当作银使用。

这银真不错呀！

我是镍啊！

一种含有锌和镍的合金被叫作白铜，在约公元前200年的中国被使用。

我真的生气了！！！

这白铜真好！

镍好惨呀，总是不能做自己。

那时候大家还不认识它！

镍还和另一种金属元素钛组成了一种有趣的合金，叫作"形状记忆合金"。

形状记忆合金

记忆？难道镍还有记忆？

111

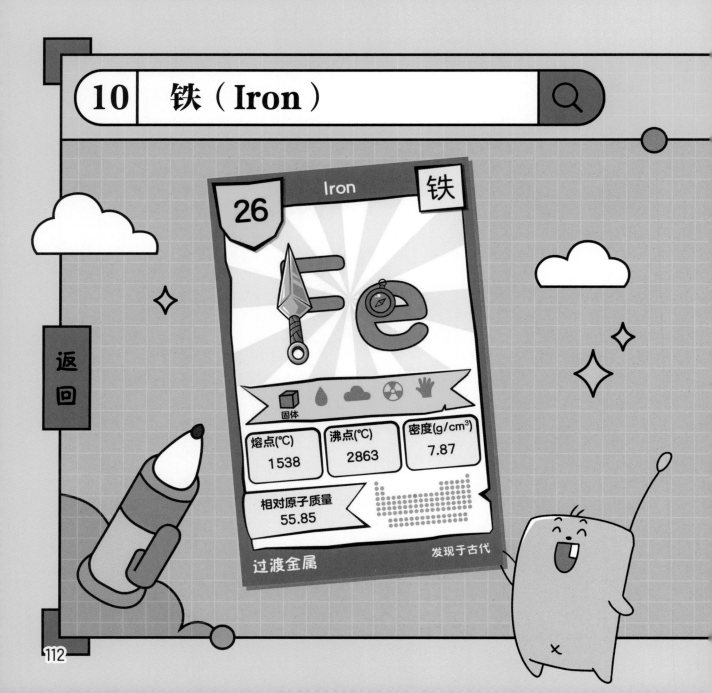

它伴随着人类文明从远古走来，
历史上的重要进程与它息息相关。
它早已渗透进日常生活的方方面面，
从颜料、墨水到药物、日用品。
它是工业社会的中流砥柱，
从金戈铁马到枪船炮弹，撑起整个国防工业。
有道是："夜阑卧听风吹雨，铁马冰河入梦来。"

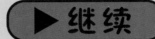
▶ 继续

113

早在战国时期到东汉初年，人们就已经普遍使用铁器。

磁铁矿的主要成分为四氧化三铁，是早期司南（指南针）的制作材料。

〈司 南〉

铁还被用于制作兵器、农具。

〈兵器〉

〈农具〉

我考考你，你对铁有哪些了解？

117

现在，铁更多地被用来制造药品、水清洁吸附剂、机械零部件、硬质合金材料等。

此外，铁及其化合物还被用来制造墨水、颜料等。

举两个例子：暖宝宝中有铁，小汽车里也有铁。

哇！原来铁的用途这么广！

包括你刚才说的，铁是人体必需的微量元素。

人体内的血红蛋白是一种含铁的蛋白质。

如果人体缺铁，血红蛋白含量就会减少，易患缺铁性贫血。

头晕
疲惫
四肢冰凉
头发干枯
气喘吁吁

铁还可以促进生长发育，增强免疫力，调节组织代谢，减缓疲劳等。

这样啊，那我要多吃点菠菜。

小精灵，菠菜可以补铁吗？大人总说要多吃点菠菜。

可以。不过，其实菠菜的含铁量并不高。

传说有一位科学家，他在重新检测菠菜含铁量时，发现菠菜的含铁量竟然比文献中的数值小了很多。

菠菜的含铁量怎么这么少？！

原来是以前的化学家在计算菠菜含铁量时，点错了一个小数点，因此流传了错误的结论。

是2.9不是29.0！

含铁量（mg/100g）
菠菜：29.0

啊，怎么会这样？那我白吃那么多菠菜了。

没有啦，菠菜还是很有营养的。

像蛋黄、海带、紫菜、木耳、猪肝、桂圆、猪血等，这些都是含铁丰富的食物。

Fe

你还可以多吃点水果，这样有利于铁的吸收。

饮用咖啡和茶应该适可而止，否则可能抑制铁的吸收。

咖啡

虽然我不喝，不过我会提醒一下妈妈！

其实，铁在以前被视为带有神秘性的珍贵金属。

埃及人干脆把铁叫作"天石"。

天石？铁还被称为天石？

是的。人类最早发现的铁来自从天空落下的陨石。

古埃及的宗教经文记述了当时太阳神等重要神像的宝座是用铁制成的。